두뇌가 좋아하는

스도쿠
SUDOKU

스프링북

입문

supia

**두뇌가 좋아하는 스도쿠
입문**

초판 1쇄 발행 2025년 5월 25일

지 은 이 | 수피아 편집 · 기획팀
펴 낸 곳 | 도서출판 모모
디 자 인 | 윤임식
주　　소 | 서울시 서대문구 증가로211, 302호
전　　화 | 02)304-9510
팩　　스 | 02)304-9511
이 메 일 | supiabook@naver.com

출판등록 | 제 2018 - 000055 호
ISBN 979-11-992427-0-8 (13410)

ⓒ수피아 2025 Printed in korea

※ 본 도서의 모든 내용은 저작권법에 의해 대한민국 내에서 보호를
　 받는 저작물이므로 무단 전재와 복제를 금합니다.

※ 책값은 뒤 표지에 있습니다.

※ 잘못된 책은 구입한 곳에서 교환해 드립니다.

('수피아' 는 도서출판 모모 브랜드의 임프린트 입니다.)

01 스도쿠란
스도쿠역사 및 유래

스도쿠는 수학자이며 물리학자인 레온하르트 오일러(Leonhard Euler 1707. 4. 15 ~ 1783. 9. 18)가 만든 라틴 사각형 또는 라틴 방진(Latin square)이라 불리는 특수한 규칙에 따라 숫자를 배열하는 퍼즐에서 유래한 것으로 전해지고 있습니다.

1979년 미국의 퍼즐 잡지인 델지에 Number Place라는 제목으로 인쇄되어 처음 알려지게 되었고, 일본에서는 1984년에 수독(數獨)이란 이름(일본식 발음 스도쿠)으로 알려지기 시작했으며, 2004년 11월엔 영국의 더 타임스에 등장하여 대중적인 오락으로 인기를 누렸습니다.
현재에도 영국, 미국, 일본 등 여러나라의 신문지상에 실리고 있으며 인터넷과 스마트폰의 발달로 앱으로도 나오고 있어 언제든 친숙하게 접할 수 있는 퍼즐로 자리잡고 있습니다.

스도쿠, 수독(數獨)은 홀로있는 숫자란 뜻으로 일본식 발음으로 스도쿠라 알려져 한국에서도 많은 매니아 층을 형성하고 있습니다.

02 풀이 규칙
기본 규칙

스도쿠는 총 3×3 사각형이 9개가 모여 큰 사각형을 이루고 있는 형태이며, 각 빈칸에 숫자를 채워넣는 게임입니다.

스도쿠의 기본 규칙은 우선 3X3의 작은 사각형(ㄱ~ㅈ)안에 1~9까지의 숫자가 겹치지 않게 숫자를 채워

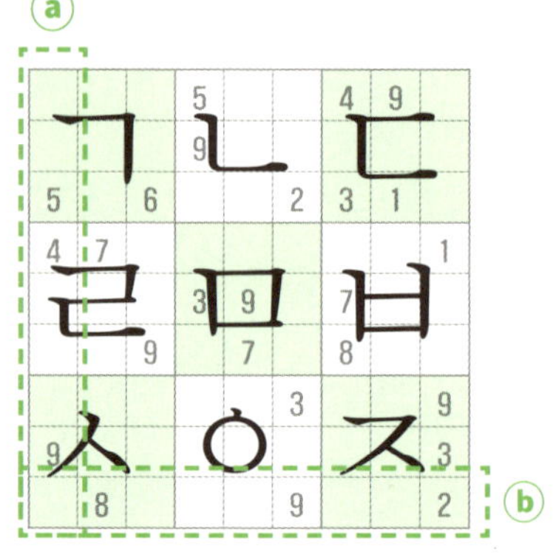

야하고 또한 ⓐ 세로 줄에도 1~9까지, ⓑ 가로 줄에도 1~9까지 겹치는 숫자가 없이 빈 칸에 숫자를 채워 넣는 퍼즐입니다.

1. 3X3의 작은 사각형(ㄱ~ㅈ)안에 1~9까지의 숫자를 채운다.

2. 가로 줄 및 세로 줄에도 1~9까지 숫자를 채운다.

3. 모든 작은 사각형(3×3), 가로 줄, 세로 줄에 겹치는 숫자없이 모두 한 칸 안에 한 가지의 숫자가 들어가야 한다.

03 풀이 방법 ①
스도쿠 쉽게 푸는 방법

쉽게 푸는 첫번째 key

1. 많이 열려있는 숫자에 집중하세요

스도쿠 문제를 볼 때 제일 먼저 봐야 할 것은 열려있는 숫자입니다. 열려있는 숫자 중 가장 많이 보이는 숫자 7에 집중해 보세요. 작은 사각형(3×3)에 이미 7이 있고 가로 세로 줄에도 이미 7이 있다면, 그 작은 사각형과 가로 세로 줄에는 더이상 7이 들어갈 수 없으므로 A자리에 7이 들어가야 합니다. 이런 방식으로 비어있는 7의 자리를 찾아 넣어야 합니다.

A	1				2			3
3				4	A		5	
	6		3			7		
2		7	8		3			
5				6			A	1
			7		5	8		9
		3			6		4	
	7			9				5
8			1				2	

다시 5를 찾아보세요. 같은 방식으로 찾다보면 B자리에 반드시 숫자 5가 있어야 합니다.

7	1				2			3
3				4	7		5	
	6		3			7		
2		7	8		3	B		
5				6			7	1
			7		5	8		9
		3			6		4	
	7			9				5
8			1				2	

우선 많이 열려있는 숫자를 찾아 작은 사각형과 가로,세로에 집중해서 찾아 보세요.

04 풀이 방법 ②
스도쿠 쉽게 푸는 방법

쉽게 푸는 두번째 key

2. 행, 열 중 같은 숫자에 집중하라

7	1				2			3
3				4	7	B	5	
	6		3	A	A	7	C	
2		7	8		3			
5				6			7	1
			7		5	8		9
		3			6		4	
	7			9				5
8			1				2	

첫 번째 Key 법칙에 따라 숫자 1은 A 또는 B,C자리에 들어갈 수 있습니다. 행이나 열에 같은 숫자가 들어갈 수 있는지에 집중해야 합니다. 우측 예문의 숫자 1이 같은 행 A자리에 들어갈 수 밖에 없다면, C의 자리엔 자연스럽게 1이 들어갈 수 없습니다. 그런 이유로 B의 자리가 1이 되어야 합니다. 이 경우 A자리 두 곳은 어느 쪽이 1인지 아직은 확실하지 않습니다. 그렇다면 A자리 두 곳에 작은 글씨로 1을 적어 넣고 기다려야 합니다. 풀다 보면 A의 어느 쪽이 1인지 분명해질 때가 반드시 오기 때문입니다.

3. 채워진 행, 열 숫자에 집중하라

7	1				2			3
3				4	7	1	5	
	6		3			1	7	
2	A	7	8	1	3	5	B	C
5				6			7	1
			7		5	8		9
		3			6		4	
	7			9				5
8			1				2	

ⓐ행을 보면 A, B, C칸에 9가 들어갈 수 있습니다. 그러나 B, C 칸 작은 사각형(3×3)에 이미 9가 자리하고 있습니다. 그런 이유로 자연스럽게 A에 9가 들어가야 합니다.

풀이 방법 ③
스도쿠 쉽게 푸는 방법

쉽게 푸는 세번째 key

4. 전체를 보라

첫 번째, 두 번째 Key 법칙에 따라 찾고 나면 시아를 넓여서 행,열 및 작은 박스의 비어있는 곳을 공략해야합니다. 우측의 예문을 보면 주변의 숫자 2로 인해 A,B,C,D 자리에 2가 들어가야 합니다.

만약 A나 C가 2이면 B나 D는 다른 숫자가 됩니다. 이럴 땐 행이나 열에 빈 곳을 보아야 합니다. B,D가 있는 행을 보면 숫자 2, 6이 B나 D에 들어가야 하는데 이미 작은 사각형에 6이 있으므로 C, D에는 6이 들어갈 수 없습니다. 그러므로 B는 6이 되고, D는 당연히 2가 되겠지요. 그렇게 찾고 나면 자연스럽게 A는 2가 되고, F열에 9가 있으므로 E는 9가 되고, F와 C는 5가 됩니다.

7	1				2			3
3				4	7	1	5	
	6		3		1	7	8	
2	9	7	8	1	3	5	6	4
5	3	8	4	6	9	2	7	1
6	4	1	7	2	5	8	3	9
1	A	3	C		6		4	8
4	7	B	D	9	8	3	1	5
8	F	E	1	3	4		2	

행, 열, 작은 사각형(3×3)중에서 한 두 숫자만 빠진 곳을 보면 주변의 숫자와 연계되어 분명해지는 숫자가 있기 마련입니다.

물론 이렇게 자연스럽게 흘러가는 문제도 있지만 마지막까지 두 칸의 숫자가 동일하게 혼동되는 경우도 있습니다. 고급편으로 갈수록 그런 경우가 많이 생기는데 이때에도 당황하지 말고 칸에 작은 숫자로 적어 넣은 후 전체를 살피다 보면 찾아낼 수 있습니다.

Contents

두뇌가 좋아하는

스도쿠
SUDOKU

문제편

1

DATE :   . .

TIME :

 정답 150 Page

4	3	2	
2	1		4
3		1	2
		4	3

2

DATE :   . .

TIME :

정답 150 Page

2	4	1	
3	1	4	2
	2		4
4		2	1

3

DATE :　　.　　.

TIME :

정답 150 Page

	1	4	2
2		3	1
4	2		3
1	3	2	

4

DATE :　　.　　.

TIME :

정답 150 Page

1	3	2	4
			3
3		4	1
4		3	2

5

DATE :　　　.　　.

TIME :

✔ 정답 150 Page

1	2	4	
4			1
3			2
	1	3	4

6

DATE :　　　.　　.

TIME :

✔ 정답 150 Page

		3	
2	3		4
1		4	3
	4		

7

DATE :　　.　　.

TIME :

정답 151 Page

	4	3	
	1	2	4
4	3		
1	2	4	

8

DATE :　　.　　.

TIME :

정답 151 Page

	3	2	
1	2		4
2			3
	4	1	

9

DATE :　　.　　.

TIME :

정답 151 Page

1		3	
		4	1
2	3		4
	1		

10

DATE :　　.　　.

TIME :

정답 151 Page

	3		
	2		1
2		1	
	1	4	

11

DATE :　　.　　.

TIME :

 정답 151 Page

1	3		
	4	3	1
4	1		
		1	

12

DATE :　　.　　.

TIME :

정답 151 Page

2	1	4	3
4			
		1	2
1	2	3	

13

DATE :   .   .

TIME :

 정답 152 Page

	2	1	
	4	2	
2			1
	1	3	

14

DATE :   .   .

TIME :

정답 152 Page

	4	1	2
2			
4		3	
			4

15

DATE :　　　.　　.

TIME :

정답 152 Page

2	3		
		2	3
1	2		
		1	2

16

DATE :　　　.　　.

TIME :

정답 152 Page

	3	4	2
4		3	
		1	
	1		4

17

DATE :　　.　　.

TIME :

정답 152 Page

4			3
	1		
		2	
2			1

18

DATE :　　.　　.

TIME :

정답 152 Page

		3	
3	4	1	
	3	2	1
	1		

Level 1

19

DATE :　　　.　　.

TIME :

✔ 정답 153 Page

3			2
		3	4
		4	1
4	1		

20

DATE :　　　.　　.

TIME :

✔ 정답 153 Page

	2		4
		1	
	3		1
2			

21

DATE :　　.　　.

TIME :

✔ 정답 153 Page

	4	3	
		2	4
3	1		
	2	1	

22

DATE :　　.　　.

TIME :

✔ 정답 153 Page

1	2	3	4
2			3
	3	1	

23

DATE :　　.　　.

TIME :

✔ 정답 153 Page

2			4
	3		
		2	
3			1

24

DATE :　　.　　.

TIME :

✔ 정답 153 Page

3		1	4
			3
4			
2	3		

25

DATE :　　.　　.

TIME :

✔ 정답 154 Page

	2		4
4			
3			2
	1	4	

26

DATE :　　.　　.

TIME :

✔ 정답 154 Page

2			
	1	2	
	3	4	
4			

27

DATE : . .

TIME :

정답 154 Page

2		3	1
	3		
		2	
3	2		4

28

DATE : . .

TIME :

정답 154 Page

		1	
1		3	4
2	3		1
	1		

29

DATE :　　.　　.

TIME :

정답 154 Page

	2		
4	3		
	4		1
		3	

30

DATE :　　.　　.

TIME :

정답 154 Page

4			3
		4	2
2	4		1
			4

31

DATE :　　.　　.

TIME :

정답 155 Page

4	2	3	
	3	4	2

32

DATE :　　.　　.

TIME :

정답 155 Page

1		2	
2			1
			3
	1		

33

DATE :　　.　　.

TIME :

정답 155 Page

	3		
1		2	
			2
		1	

34

DATE :　　.　　.

TIME :

정답 155 Page

1		3	2
	3	4	
3			
4	2		

35

DATE :　　　.　　.

TIME :

✔ 정답 155 Page

4	2		1
1		4	
		2	
2	4		

36

DATE :　　　.　　.

TIME :

✔ 정답 155 Page

	1		
4			1
2			4
		2	

3	2	4	5	1	6
5	6	1	4	3	2
	3	2	1	6	
6	1			2	4
2	5	3	6	4	1
1	4	6	2	5	3

정답 156 Page

DATE :　　.　　.

TIME :

38

4	6	5	1	3	2
2	3			4	6
6	1	4	3	2	5
3	5			1	4
5	4	3	2	6	1
1	2			5	3

 정답 156 Page

DATE :　　　.　　　.

TIME :

39

5	1	6	2	4	3
2	4	3	5	1	
		4	6	5	2
6	2	5	4		
	5	2	1	6	4
4	6	1	3	2	5

정답 156 Page

DATE :　　　.　　.

TIME :

40

<table>
<tr><td></td><td></td><td>3</td><td>5</td><td>1</td><td>6</td></tr>
<tr><td>5</td><td>1</td><td>6</td><td>2</td><td>4</td><td>3</td></tr>
<tr><td>3</td><td>2</td><td></td><td>6</td><td>5</td><td>1</td></tr>
<tr><td>1</td><td>6</td><td>5</td><td></td><td>2</td><td>4</td></tr>
<tr><td>4</td><td>3</td><td>2</td><td>1</td><td>6</td><td>5</td></tr>
<tr><td>6</td><td>5</td><td>1</td><td>4</td><td></td><td></td></tr>
</table>

정답 156 Page

4	6	2	1	5	3
1		5	4		6
2	5	4		6	1
3	1		2	4	5
5		3	6		4
6	4	1	5	3	2

정답 156 Page

DATE : . .

TIME :

42

3	5	4	6	2	1
6		1	3	5	4
4	3	5	1	6	2
2	1	6		4	3
1	6	2	4		5
5	4	3	2	1	6

 정답 156 Page

DATE :　　　.　　　.

TIME :

43

1	5		6	3	4
6	3	4		2	1
5	1	6	2	4	3
	4	3	1	6	5
4	2	1		5	6
3	6		4	1	2

정답 157 Page

DATE : . .

TIME :

44

	3	2	5	4	
5		6	2	1	3
3	5	4	6	2	1
6	2		3	5	4
4	6	5	1		2
	1	3	4	6	

 정답 157 Page

DATE :　　.　　.

TIME :

45

4	6	5	2	3	1
2		3	4		6
5	4	6	3	1	
	2	1	5	6	4
1		4	6		3
6	3	2	1	4	5

정답 157 Page

DATE : . .

TIME :

46

1	3	6	5	2	4
2	5	4	3	1	
5			6	4	1
4	6	1	2	3	5
	1	5	4	6	2
6	4	2	1	5	

정답 157 Page

	1	4	2	5	
2	5	6	1	3	4
1	3		4	6	5
4	6	5		2	1
6	4	3	5		2
	2	1	6	4	

정답 157 Page

DATE :　.　.

TIME :

48

6	2			5	3
	3	5	6	1	
5	6	2	1	3	4
1	4	3	5	2	6
	1	6	2	4	
2		4	3		1

 정답 157 Page

	2	5	4	3	
4	3	1	6		5
2	6	4		1	3
5	1		2	6	4
3		2	1	5	6
	5	6	3	4	

정답 158 Page

DATE :　　.　　.

TIME :

50

	1	2	4	3	6
4		3	2	1	5
	3		5	4	2
2	4	5		6	
3	5	4	6		1
6	2	1	3	5	

정답 158 Page

6	1			4	3
	3	4	1	2	
3	2	5	6	1	4
4	6	1	3	5	2
	4	6	2	3	
2	5	3		6	1

정답 158 Page

DATE :　　.　　.

TIME :

52

2	1	6	3	5	4
			6	2	1
1		6	2			
5	4	3	1	6	2
			5	4	3
4	3	5	2	1	6

정답 158 Page

4		3	6		5
6	1	5	4	3	2
2	3			5	6
1	5			4	3
5	4	2	3	6	1
	6	1	5	2	4

✔ 정답 158 Page

		5	2	1	3
2	1		5	4	6
3	5	4		2	1
6	2	1	3		4
1	3	2	4	6	5
5	4	6	1		

정답 158 Page

1	3	2	4	5	6
		4	2	1	3
5	1			2	4
2	4	3	5		
4			6	3	5
3	6	5	1	4	2

정답 159 Page

DATE :　　　.　　.

TIME :

56

	4	3	2	5	1
5	2		3		4
	5	4	6	1	2
2	1		4		5
	6	2	5	4	3
4	3		1		6

정답 159 Page

6	1	3	5	4	2
5		4	6		1
1	3			2	6
4	6			5	3
3		1	2		4
	4	6	3	1	

 정답 159 Page

6	1	4	3	2	5
3	5	2			
5	4	3	2	6	1
1	2	6	4	5	3
			1	3	2
2	3	1	5	4	6

 정답 159 Page

	3	1	4	2	6
4		6	3		5
1	5			6	3
2	6			4	1
6		5	1		2
3	1	2	6	5	

정답 159 Page

1		2	4		5
	6	5	1	3	
2	4	3	6	5	1
6	5	1	3	2	4
	1	6	2	4	
3			5		6

정답 159 Page

	4	1	6		
6		2	3	4	1
5	1		2	3	6
2	6	3		1	4
4	3	5	1		2
		6	4	5	

정답 160 Page

DATE :　　.　　.

TIME :

62

2		1	3		6
3	6			1	2
5	1	6	2	3	4
			1	6	5
6	3	2	5	4	1
	5	4	6	2	

정답 160 Page

6	1	4	5	2	3
		5	1		
2	5			6	1
1	4	6	2	3	5
	3	2	6	1	
	6	1	3	5	

정답 160 Page

DATE :　　.　　.

TIME :

64

	6	4	1	5	
5	1			4	3
	5	3	2	1	
2	4	1	5		6
4	2			6	1
	3	6	4	2	

정답 160 Page

5			6	2	1
6			5	3	4
2	5	1	4		3
4	3	6	2		
		4	1	5	6
		5	3	4	2

 정답 160 Page

	1	2	3	4	
5		4	6		2
3	4			2	6
2	6			5	3
4		3	5		1
	5	6	2	3	

정답 160 Page

DATE :　　.　　.

TIME :

67

	5		6	1	
2		1	3		4
1	2	6		3	5
5	3		1	2	6
6		5		4	
	4	2	5		1

정답 161 Page

DATE :　　　.　　　.

TIME :

68

	5	1	2	4	
		4	1		
2	4	3	5	1	6
1					4
4	3	2	6	5	1
			4	3	2

정답 161 Page

DATE :　　.　　.

TIME :

69

2	4	3	5	6	1
1					3
	2	4	1	3	
	1	5	4	2	
4					2
	3	2	6	1	4

 정답 161 Page

DATE :　　　.　　.

TIME :

70

			2	6	1
6	2	1			
4	1	3	6	5	2
2	6	5	4	1	3
			5	2	4
5	4	2			

정답 161 Page

	1	6	4	3	
	5	4	6	2	
6	3			1	4
4		1	3		6
	4	3	1	6	
	6	2	5	4	

✔ 정답 161 Page

	3			2	
5		4	1		6
		3	4		
	5	2	6	1	
3		5	2		1
2	4	1	3	6	5

정답 161 Page

2	4			6	5
5	1	6	2	3	4
1					3
6	3	2	5	4	1
		5	4		
4	2			5	6

정답 162 Page

	3	2	4	6	
	1	6	5	2	3
			3	4	2
3	2	4			
2	4	3	6	1	
	5	1	2	3	

정답 162 Page

2	1			4	3
	6	4	5	1	
	3	2	4	6	
4	5			3	1
5		1	3		6
		3	1		

정답 162 Page

DATE : . .

TIME :

76

		5	6		
3	6	2	4	1	5
2					4
	4	1	2	3	
1	5	4	3	6	2
		3			

정답 162 Page

	6	1	3	2	
3	5			6	4
		4	6		
6	2	5	4	3	1
	1	6	2	4	

정답 162 Page

DATE :　　　.　　　.

TIME :

78

2					1	5
	1	3	6	2	
	2	1	5	6	
	5	6	2	4	
1	3	2	4	5	6

정답 162 Page

DATE :　　.　　.

TIME :

79

	1	3	6	4	
5	4		2	1	
	2	6	5	3	
5				6	2
1	6	5			
			1	5	6

정답 163 Page

DATE :　　　.　　.

TIME :

80

3	2			5	6
		5	3		
2	5			3	1
4	3			6	5
		2	6		
6	1			2	4

정답 163 Page

5		4	3		2
3	1			4	5
	3	1	5	2	
		5			
4	5			3	1
1		3	4		6

정답 163 Page

DATE : . .

TIME :

82

	3	6	5	4	
1					3
5		4	2		6
3		2	4		5
4					2
	2	1	3	5	

		2	1		
3	4	1		5	6
4		5	3		2
2	6			1	5
	2			3	
		4	6		

정답 163 Page

DATE :　　　.　　.

TIME :

84

2		1	3		6
	6	4	5	1	
	1	2		6	
	3		1	2	
	2	3	6	5	
6					1

정답 163 Page

		4	3		
3		6	5		4
	3	5	6	1	
	2	1		3	
5		2	1		3
		3	2		

정답 164 Page

DATE :　　　.　　.

TIME :

86

	1			6	
2		6	4		1
	4			5	
	3			2	
3		4	2		5
	2	1	6	4	

정답 164 Page

87

DATE :　　　　.　　.

TIME :

	3	2	4	5	
6					3
	4	3	5	6	
3		5	1		2
	2	1	6	3	

5					6
	1	6	2	5	
	2	1		3	
	5		6	1	
	4	3	5	6	
1					4

정답 164 Page

		1	5		
5		6	4		1
	6			1	
	5			4	
4		5	2		3
		2	1		

정답 164 Page

DATE : . .

TIME :

90

	5			6	
6		2	1		3
5	6			3	1
	2	1	6	4	
4					6
	3			1	

정답 164 Page

		1	3		4
4		2	6		1
	6			3	
	2			6	
5		6	2	4	3
2		3	5		

정답 165 Page

DATE :　　　.　　　.

TIME :

92

		2	1	4	5
1	5		6		
		6		1	2
3	2		5		
		5		3	1
2	1		4		

정답 165 Page

6					2
5		1	6		4
		2	4		
	6	5	3	2	
2		4	1		3
	1		2	4	

✔ 정답 165 Page

DATE :　　.　　.

TIME :

94

4	1			2	3
		2	4		
3		4	1		2
	2			6	
		1	2		
2	5			4	1

 정답 165 Page

2		1	5		6
	6			3	
		2	6		
6	1			2	5
		6	4		
5	4	3	2	6	1

정답 165 Page

		1	5		
4		6	1		3
6	4			5	1
5	1			6	2
3		5	6		4
		4	2		

정답 165 Page

DATE :　　　.　　　.

TIME :

97

	3	5	8	2	4	7	1	
2	6	7	1		9	4	8	3
4	8		6	7	3		5	9
8	4	2	7	6	1	9	3	5
3	7	6				1	4	8
5	1	9	4	3	8	6	7	2
7	5		9	4	2		6	1
6	2	8	5		7	3	9	4
	9	4	3	8	6	5	2	

정답 166 Page

DATE :　.　.

TIME :

98

7			2	5	9			6
9	2	3	7		6	8	5	1
4	5	6	3	8	1	7	2	9
5	1	2	9	7	8	6	3	4
	7	4	6	1	3	5	9	
3	6	9	5	2	4	1	8	7
2	4	7	8	6	5	9	1	3
1	3	5	4		7	2	6	8
6			1	3	2			5

 정답 166 Page

2		6	1	9	8	5		4
5	9	3	4		7	1	6	8
8	1	4	6		3	7	9	2
		1	2	8	6	3		
3	5	8	7	4	1	6	2	9
6	2			3			4	1
4	3	5	8		2	9	1	6
7	6	2	5		9	4	8	3
	8	9	3	6	4	2	5	

정답 166 Page

DATE :　　　.　　.

TIME :

100

4	6	5		9	8	3	1	7
1		2	6	7	4	9		8
8	7	9	1	5		4	6	2
9	1	4	5	2	7	6	8	3
			9	8	6			
2	8	6	3	4	1	5	7	9
6	4	8	7	3		1	2	5
3		7	4	1	5	8		6
5	9	1		6	2	7	3	4

정답 166 Page

DATE :　　.　　.

TIME :

101

7	8		9	2	6		1	4
9	6	3	4		1	7	5	2
	4	2	7	5	3	8	9	
6	9	7			4	2	3	5
		1	2	9	5	6		
2	5	8	3			1	4	9
8	7		1	4	9		2	3
3	2	9	5		8	4	6	1
	1	4	6	3	2	9	7	

정답 166 Page

DATE :   .   .

TIME :

102

4	1	8	6	3	9	7	5	2
9		2	1		4	3		6
3	7	6	8		2	4	1	9
8	6		3	4		9	2	
2		4	5		1	6		3
	3	7		2	6		4	8
6	2	9	4		8	5	3	7
7		3	2		5	8		1
1	8	5	7	6	3	2	9	4

정답 166 Page

DATE :　.　.

TIME :

103

	1	5	6		8	2	4	
4	8			5	2	6	9	1
2	6		1		4		3	5
3	7	4	8	2	5	1	6	9
6	2			7			8	3
8	5	1	3	6	9	7	2	4
7	4		5		3		1	6
1	9	6	2	4			5	8
	3	8	9		6	4	7	

정답 167 Page

DATE :　　　.　　.

TIME :

104

	7	1	8		2	5	9	
8		6	3		5	7		4
3	5	9	4		7	2	6	8
9	3	5	7	4	1	6	8	2
		7	2	8	6	9		
6	8	2	5	3	9	1	4	7
5	9	3	1		4	8	2	6
7		4	6		8	3		9
	6	8	9		3	4	7	

정답 167 Page

DATE :　　.　　.

TIME :

105

7	1	5	8		2	9	4	3
2		9	5		7	6		8
6	8	3	1		4	2	7	5
3	6	7	2	5	8	4	9	1
			4		3			
8	2	4	9	1	6	3	5	7
4	7	2	3		5	1	6	9
9		6	7		1	5		2
1	5	8	6		9	7	3	4

정답 167 Page

DATE : . .

TIME :

106

7	5	3			6	4	2	9
1	9	6	4	2	7	8	5	3
4	2		5	9	3		7	1
	1	4	9	5	2	3	6	
5	7	2		3		9	1	4
	6	9	1	7	4	5	8	
2	4		3	8	5		9	6
6	8	1	2	4	9	7	3	5
9	3	5	7			2	4	8

정답 167 Page

DATE :　.　.
TIME :

107

6		8	2	7	5	1		9
	4		6		9		8	
1	9	5	8		3	7	2	6
3	5	7	1	8	4	9	6	2
9				3				8
4	8	1	9	6	2	3	7	5
2	6	9	7		1	8	3	4
	1		3		6		5	
5		3	4	2	8	6		1

정답 167 Page

108

	8	4	5		2	3	6	
9		3	1		7	5		2
5	2		8	3	6		1	4
7		5	4	2	8	6		3
6		2				1		8
3		8	9	6	1	7		5
4	7		2	5	9		3	6
8		6	7		4	2		9
	5	9	6		3	4	7	

정답 167 Page

		7	9	4	1	6		
8	2	6	3		5	9	4	1
4	9	1		2		3	7	5
6	1		4	3	7		5	9
9	4		8	5	2		1	6
2	7		1	9	6		8	3
5	8	2		6		1	9	4
7	3	4	5		9	8	6	2
		9	2	8	4	5		

정답 168 Page

DATE :　　.　　.

TIME :

110

8	2	7	6	9	4	1	5	3
5				2				9
1		4	3	5	8	7		6
4		2	1	8	6	3		5
9	1			3			4	2
3		8	9	4	2	6		7
6		9	8	1	5	2		4
2				7				1
7	4	1	2	6	9	5	3	8

 정답 168 Page

5	3		9	1	4		8	2
9	7	8	6		2	5	4	1
	2	1	7		8	9	3	
6	1	5	2	7	3	8	9	4
2				8				7
7	8	9	4	6	1	3	2	5
	6	4	8		5	1	7	
1	5	2	3		7	4	6	8
8	9		1	4	6		5	3

정답 168 Page

DATE :   .   .

TIME :

112

4	8		2	3	9		6	1
1	2	9	5		6	8	4	3
	7	3	8		4	2	9	
5	9	8		6	2	4	1	7
2			7		8			9
7	3	6	4	9		5	8	2
	6	1	9		7	3	5	
3	4	2	1		5	9	7	6
9	5		6	4	3		2	8

정답 168 Page

9	6	1	4			5	3	7
5	2	7	9	6	3	8		
		4	1	7	5	2	9	6
8	1	6		9	4	7	5	2
2				1	7	3	8	4
4	7	3		5	2	6	1	9
		2	5	3	9	1	6	8
1	9	5	2	8	6	4		
6	3	8	7			9	2	5

 정답 168 Page

DATE :　　　.　　　.

TIME :

114

9	6	8		5	3	2		
		7	1		8	6		9
	4	2	9	6	7	8	5	3
4	8		5	7			9	2
7	3	9	8	4	2	1	6	5
	2	6		9	1	4	7	
8	1	4	7	3	9			6
6			2		5		8	4
2		5	6	8		9	3	1

정답 168 Page

DATE :　.　.

TIME :

115

8	2		7				1	6
6	4	7	1	9	3	5	2	8
	1	9	8	2	6	3	4	
	7	5	4	8	9	2	6	
1		4	3	7	2	8		5
9	8	2				7	3	4
2	5	8	6	3	4	1	7	9
4	9	1	2	5	7	6	8	3
7				1				2

정답 169 Page

4	7		1	5	9		2	6
2		9	8		6	4		1
8	1	6	4		2	3	5	9
	9	2	5	8	1	7	4	
1	4			6			9	5
	3	5	9	2	4	6	1	
5	2	7	6		8	9	3	4
3		4	2		5	1		7
9	6		7	4	3		8	2

 정답 169 Page

	1	8		6		5	7	
6		9	7		4	1		8
7	4		8	1	2		6	3
	6	2		4	1	8	3	
8		3	2		5	4		6
	7	4	6	3		2	9	
3	5		4	9	7		8	2
9		7	5		6	3		1
	2	6		8		7	5	

정답 169 Page

DATE :　　　.　　　.

TIME :

118

5	9	7	1		4	3	6	2
		8	5		3	9		
		4	2	9	6	8		
7	6	3	8	5	9	2	1	4
9			7	4	1			6
4	1	5	6	3	2	7	8	9
		9	4	6	8	1		
		6	3		7	4		
8	4	1	9		5	6	7	3

정답 169 Page

4	8	6		3		1	2	5
9			1	2	5			4
5	1	2		4		3	7	9
3		1	8	5	6	7		2
	2	8		7		5	9	
7		5	9	1	2	6		3
2	7	9		8		4	1	6
8			4	9	1			7
1	5	4		6		9	3	8

정답 169 Page

		6	2		4	8		
	8	4		6		2	1	
2	5	9	1		8	7	6	4
6	2	3	8	1	5	9	4	7
4				9				8
8	9	7	3	4	2	1	5	6
9	6	1	4		3	5	8	2
	4	2		8		6	3	
		8	6		1	4		

정답 169 Page

DATE :　　　.　　.

TIME :

121

	9		4	6	1		8	
2	5			8			1	9
	8	4	9	2	5	3	7	
6		8		4		7		5
4	2	9	7	5	3	8	6	1
5		7		1		9		4
	7	5	1	9	6	2	4	
3	4			7			9	8
	6		8	3	4		5	

정답 170 Page

DATE :　　.　　.

TIME :

122

	1	5	7	9	6	2	8	
2		9				6		7
6	7	8	2		4	9	1	5
1		2	9	8	7	5		4
3			4	6	2			8
9		4	1	5	3	7		2
8	9	3	6		5	4	2	1
5		1				8		6
	2	6	8	4	1	3	5	

정답 170 Page

4	1		9	3	8		2	5
3	6	9	2	7	5	1	8	4
2				4				9
7	9			2			4	8
5	4	6	8	1	7	2	9	3
8	2			5			1	6
1				9				7
9	5	2	7	6	4	8	3	1
6	7		3	8	1		5	2

정답 170 Page

DATE :   .   .

TIME :

124

	6		1	4	7		9	
9	8	7		2		1	5	4
4		3		5	9	7		2
	3			7			4	
	4	1	6	8	3	9	2	
7	2			9			8	3
	5			3	8		7	
3	7	2		6		8	1	9
6		8	7	1	2	4		5

정답 170 Page

		3		9	7	1		
9	4	5		6		3	2	7
	7	1	3	5		6	9	
	8	4	7		9	5	6	
1	9			3			8	2
	6	2	8	4	1	7	3	
	1	9	5	7		8	4	
7	5	6		8		2	1	3
		8		1	6	9		

정답 170 Page

DATE :　　.　　.

TIME :

126

		6	5	2	8	9		
	5	9	4			8	1	
8	2	7	1			4	5	6
2	9			7	1	6		
6	8			4			7	3
		4	6	8			9	5
4	1	3			6	5	2	8
	7	8			4	3	6	
		2	8	5	3	7		

정답 170 Page

	7	6				1	5	
	2	9	7		1	8	3	
		1	5	3	9	6		
7	3				6		2	5
	9		3	5	8		1	
1	6		9				8	3
		3	1	9	7	2		
	8	7		4		5	9	
	1	4		2		3	6	

정답 171 Page

DATE : . .

TIME :

128

		9			2	5		
8		7			4	3		6
5	4		6	1			8	2
4	7	5		3		1	2	9
			2	4	1			8
2		1		7		6		
7	9			2	5		6	3
3		2	7			4		1
	6	8	4			2	7	

정답 171 Page

DATE :   .   .

TIME :

129

9	3	7				1	2	8
1		2	3	8	7	4		5
			9		1			
4	5	1		9		3	7	6
			1		3			
	2	3		5		8	1	
			6		9			
2		6	4	3	8	7		1
7	4	8				9	6	3

정답 171 Page

DATE :   .   .

TIME :

130

		3	5	6	1	4		
	9	5	4		3	8	6	
1	4	6				3	7	5
7			1	3				4
4				2				3
	1	8		4	6	2	5	
6	2	4				5	9	8
	8	7	6		4	1	3	
		1	8	5	2	7		

 정답 171 Page

1			4	6	8			5
6	4	9	3		5	1	7	8
8	5						6	2
	3	1		8		9	5	
		4	9	7	3	2		
	9	8		4		7	3	
9	2						1	7
3	8	6	7		2	5	4	9
4			8	5	9			3

 정답 171 Page

DATE :　　.　　.

TIME :

132

3	7	8		6		5	1	2
9			2	1	3			7
1	6		8		7		9	4
	8	5	1	3	9	7	2	
6	1			4			5	3
	2	3		8		1	4	
5	9		6		8		3	1
2			3	7	5			8
8	3	6		9		2	7	5

정답 171 Page

7				2	6			5
5	9	2	4		8	6	1	3
	4			1			9	
	8	5		6		3	4	
4			8	3	5			9
	6			9			7	
	7			8			5	
6	1	9	7		2	8	3	4
3				4	9			1

정답 172 Page

DATE :　　　.　　　.

TIME :

134

		2	5		1	7		
	4	8				2	9	
	3	5	9		4	6	1	
5	2			1			3	4
			2		5			
9	6	1		4	3	5	8	2
	1	6	4		2	3	5	
	7	3				8	2	
		9	8		6	4		

Level 3

DATE : . .

TIME :

135

6	5			1	2		8	7
		4	5		8	9		
	7	8	6			2	5	
	6	7	1	8		5	3	
8		2	4		7	6		1
9					3			8
7	8			4	1		2	5
	4		8		6		7	
	9	1	7			8	6	

정답 172 Page

DATE : . .

TIME :

136

	3		7		9		1	
9		1	2		3	6		4
	6	7				3	8	
7	2		6				4	1
			4	9	7			
4	9	3			1	8	6	7
	7	2	3		5	1	9	
5		8				4		6
	4		8		6		5	

정답 172 Page

DATE : . .

TIME :

137

	9		1	7	4		3	
1		3			8	7		9
4		7			6	2		5
3	1			9			2	4
			2		5			
9	2			4			6	7
2		9	7	6	1	4		8
		1	3			6		
	5	6	4			3	9	

정답 172 Page

138

		4				9		
	8	4	9	1	7			
1	6	9		7		3	8	4
6	1			4			5	9
		7	1	3	9	2		
		2		5		1		
2	7			1			9	8
	8	1	6	2	4	5	7	
		5				6		

DATE :   .   .

TIME :

139

	7	1		3		8	6	
9			4		1			7
			2	6	7			
	3	7	1		8	2	5	
8	4	2		9		7	1	6
		5	7		6	4		
			6	1	9			
7			3		4			8
5	6			7			4	1

정답 173 Page

DATE : . .

TIME :

140

		5	9	4	1	3		
	1	9				8	2	
	4	3		2		5	9	
	9	2		6		4	1	
8		4	5		9	6		2
	6			8			5	
	2	8				7	3	
	5	1	4	3	7	2	8	
3				5				9

정답 173 Page

Level 3

DATE : . .

TIME :

141

8		2			5			
4		1			8	5		7
			3	1	4	9		8
	5	3	8		7	1	4	
9		6	5		1	7		2
			4		9			
5	1		7	8	2		3	4
7			1					5
	2		9				7	

정답 173 Page

DATE :

TIME :

142

7	2	5	6		4	3	9	1
	1		5		3		2	
		4				6		
4				5		2	1	6
			4	2	9			
5	8	2		3				9
		9	3			5		
		8	9		2	1		
2	6	7			5	9	3	4

정답 173 Page

		9			6	7	1	
6	4	5	9		1			
		1	3	5			6	4
5	1	6	8	3				9
			5		9			
4				2	7	6	5	3
9	6			8	5	4		
			6		2	8	3	7
	2	7	4			5		

정답 173 Page

DATE :　　.　　.

TIME :

144

5	9	1			6	7		
			4		5			
3			9			5	8	2
4		7	3		2	8		1
	1						6	
	6	3	8		1		7	5
8	3	9			4	1		
			6		8			
6			1			4	2	8

정답 173 Page

DATE :　　　.　　　.

TIME :

145

4	6		8		3		5	1
9		7				8		3
		8	6		1	4		
	9					5	4	
6		1				3		
8			3	4	9			6
			4	6	7		8	
1		4	9		2	6		
5	7						9	4

정답 174 Page

		3				1		
	7	6		9		4	3	
1	5		2		4		7	8
		4		2		7		
	8		4		3		2	
		7		5	8	3		
6	9		3		7		1	5
	1	5		6		8	4	
7						9		

정답 174 Page

DATE :　.　.

TIME :

147

	1		9		5		2	
		2	6		4	8		
6	3	9				7	5	4
7								2
3		8	7	1	2	4		5
		5	4		8	1		
	8	7		5		3	1	
		6	3		9	5		8
		3	1		7	2		

정답 174 Page

DATE :　　　.　　.

TIME :

148

4				2	8			5
8	5	2	9			6	1	3
9			1	5				2
	1	5	7	8		4	3	
		9	3		6	5		
		3		9	5	1		
5				6	1			4
3	6	4			9	2	8	1
1			8	3				6

 정답 174 Page

DATE :   .   .

TIME :

149

1	8	7	6		5	9	3	2
6				3				7
5			1	7	9			4
	6	5				2	7	
	1	8	7	6	4	3	9	
	7						4	
9			3	5	7			1
7				9				3
8	5	3	4		1	7	6	9

정답 174 Page

DATE :　　.　　.

TIME :

150

9	2			5			7	6
5	6	8	3	2	7	4	1	9
	7			1			8	
	4			8			6	
2	1	7	4		5	8	9	3
	5			7			2	
	9			4			3	
6			5	3	1			7
1				9				8

정답 174 Page

Level 3

DATE : . .

TIME :

151

	9	2	6		1	5	8	
		6			2	1		
1	7			8	5		9	2
				7	8			
7	6			5		2	1	
	1	5	2	3			7	9
5	8		9	2			6	1
			8					
	4	7	5		3	9	2	

정답 175 Page

Level 3

DATE : . .

TIME :

152

	2		6		1		4	
1		6		2		7		3
	4	8				6	1	
5		7	3			4		9
	8			1			7	
6		2			9	1		5
	5	1		3		2	6	
2		9		5		8		1
	6		1		2		9	

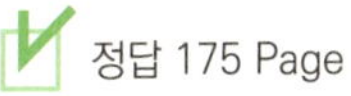

정답 175 Page

DATE :　　.　　.

TIME :

153

3	2	4				9	8	1
9				3				5
		5	4		8	7		
	8	1		4		6	5	
7				8	5			4
	5	6				8	7	
		7		1		2		
8				5				7
1	9	3	2		7	5	4	8

정답 175 Page

DATE :

TIME :

154

4	9		1	5			3	8
5	2		6				4	9
		8	4		9	5		
	8						5	
6	1	5	3		4	8	9	7
	3			7			6	
		7	2		6	4		
3	6	1			8	9	7	2
2	4			1	3		8	5

정답 175 Page

6	2			8			1	4
7		5		4		6		2
1		4	6		7	5		8
4		3	2		1	9		6
9		6	4		8	2		5
8	7			9			4	1
5	6						2	7
3		1	7	5	2	8		9
	9						5	

정답 175 Page

DATE :　　.　　.

TIME :

156

3			8	6	5			
	4	8				5	9	
	6			1	9	8	2	3
9	8			7	2	4	6	
4		5	6		1	2		8
	2	6	5	8			3	1
	1	4	9	3			5	
	7	9				3	1	
			1	4	6			

 정답 175 Page

두뇌가 좋아하는

스도쿠
SUDOKU

정답편

1

4	3	2	1
2	1	3	4
3	4	1	2
1	2	4	3

2

2	4	1	3
3	1	4	2
1	2	3	4
4	3	2	1

3

3	1	4	2
2	4	3	1
4	2	1	3
1	3	2	4

4

1	3	2	4
2	4	1	3
3	2	4	1
4	1	3	2

5

1	2	4	3
4	3	2	1
3	4	1	2
2	1	3	4

6

4	1	3	2
2	3	1	4
1	2	4	3
3	4	2	1

7

2	4	3	1
3	1	2	4
4	3	1	2
1	2	4	3

8

4	3	2	1
1	2	3	4
2	1	4	3
3	4	1	2

9

1	4	3	2
3	2	4	1
2	3	1	4
4	1	2	3

10

1	3	2	4
4	2	3	1
2	4	1	3
3	1	4	2

11

1	3	4	2
2	4	3	1
4	1	2	3
3	2	1	4

12

2	1	4	3
4	3	2	1
3	4	1	2
1	2	3	4

13

3	2	1	4
1	4	2	3
2	3	4	1
4	1	3	2

14

3	4	1	2
2	1	4	3
4	2	3	1
1	3	2	4

15

2	3	4	1
4	1	2	3
1	2	3	4
3	4	1	2

16

1	3	4	2
4	2	3	1
2	4	1	3
3	1	2	4

17

4	2	1	3
3	1	4	2
1	3	2	4
2	4	3	1

18

1	2	3	4
3	4	1	2
4	3	2	1
2	1	4	3

19

3	4	1	2
1	2	3	4
2	3	4	1
4	1	2	3

20

1	2	3	4
3	4	1	2
4	3	2	1
2	1	4	3

21

2	4	3	1
1	3	2	4
3	1	4	2
4	2	1	3

22

3	4	2	1
1	2	3	4
2	1	4	3
4	3	1	2

23

2	1	3	4
4	3	1	2
1	4	2	3
3	2	4	1

24

3	2	1	4
1	4	2	3
4	1	3	2
2	3	4	1

25

1	2	3	4
4	3	2	1
3	4	1	2
2	1	4	3

26

2	4	1	3
3	1	2	4
1	3	4	2
4	2	3	1

27

2	4	3	1
1	3	4	2
4	1	2	3
3	2	1	4

28

3	4	1	2
1	2	3	4
2	3	4	1
4	1	2	3

29

1	2	4	3
4	3	1	2
3	4	2	1
2	1	3	4

30

4	2	1	3
1	3	4	2
2	4	3	1
3	1	2	4

31

3	1	2	4
4	2	3	1
1	3	4	2
2	4	1	3

32

1	3	2	4
2	4	3	1
4	2	1	3
3	1	4	2

33

2	3	4	1
1	4	2	3
4	1	3	2
3	2	1	4

34

1	4	3	2
2	3	4	1
3	1	2	4
4	2	1	3

35

4	2	3	1
1	3	4	2
3	1	2	4
2	4	1	3

36

3	1	4	2
4	2	3	1
2	3	1	4
1	4	2	3

37

3	2	4	5	1	6
5	6	1	4	3	2
4	3	2	1	6	5
6	1	5	3	2	4
2	5	3	6	4	1
1	4	6	2	5	3

38

4	6	5	1	3	2
2	3	1	5	4	6
6	1	4	3	2	5
3	5	2	6	1	4
5	4	3	2	6	1
1	2	6	4	5	3

39

5	1	6	2	4	3
2	4	3	5	1	6
1	3	4	6	5	2
6	2	5	4	3	1
3	5	2	1	6	4
4	6	1	3	2	5

40

2	4	3	5	1	6
5	1	6	2	4	3
3	2	4	6	5	1
1	6	5	3	2	4
4	3	2	1	6	5
6	5	1	4	3	2

41

4	6	2	1	5	3
1	3	5	4	2	6
2	5	4	3	6	1
3	1	6	2	4	5
5	2	3	6	1	4
6	4	1	5	3	2

42

3	5	4	6	2	1
6	2	1	3	5	4
4	3	5	1	6	2
2	1	6	5	4	3
1	6	2	4	3	5
5	4	3	2	1	6

43

1	5	2	6	3	4
6	3	4	5	2	1
5	1	6	2	4	3
2	4	3	1	6	5
4	2	1	3	5	6
3	6	5	4	1	2

44

1	3	2	5	4	6
5	4	6	2	1	3
3	5	4	6	2	1
6	2	1	3	5	4
4	6	5	1	3	2
2	1	3	4	6	5

45

4	6	5	2	3	1
2	1	3	4	5	6
5	4	6	3	1	2
3	2	1	5	6	4
1	5	4	6	2	3
6	3	2	1	4	5

46

1	3	6	5	2	4
2	5	4	3	1	6
5	2	3	6	4	1
4	6	1	2	3	5
3	1	5	4	6	2
6	4	2	1	5	3

47

3	1	4	2	5	6
2	5	6	1	3	4
1	3	2	4	6	5
4	6	5	3	2	1
6	4	3	5	1	2
5	2	1	6	4	3

48

6	2	1	4	5	3
4	3	5	6	1	2
5	6	2	1	3	4
1	4	3	5	2	6
3	1	6	2	4	5
2	5	4	3	6	1

49

6	2	5	4	3	1
4	3	1	6	2	5
2	6	4	5	1	3
5	1	3	2	6	4
3	4	2	1	5	6
1	5	6	3	4	2

50

5	1	2	4	3	6
4	6	3	2	1	5
1	3	6	5	4	2
2	4	5	1	6	3
3	5	4	6	2	1
6	2	1	3	5	4

51

6	1	2	5	4	3
5	3	4	1	2	6
3	2	5	6	1	4
4	6	1	3	5	2
1	4	6	2	3	5
2	5	3	4	6	1

52

2	1	6	3	5	4
3	5	4	6	2	1
1	6	2	4	3	5
5	4	3	1	6	2
6	2	1	5	4	3
4	3	5	2	1	6

53

4	2	3	6	1	5
6	1	5	4	3	2
2	3	4	1	5	6
1	5	6	2	4	3
5	4	2	3	6	1
3	6	1	5	2	4

54

4	6	5	2	1	3
2	1	3	5	4	6
3	5	4	6	2	1
6	2	1	3	5	4
1	3	2	4	6	5
5	4	6	1	3	2

55

1	3	2	4	5	6
6	5	4	2	1	3
5	1	6	3	2	4
2	4	3	5	6	1
4	2	1	6	3	5
3	6	5	1	4	2

56

6	4	3	2	5	1
5	2	1	3	6	4
3	5	4	6	1	2
2	1	6	4	3	5
1	6	2	5	4	3
4	3	5	1	2	6

57

6	1	3	5	4	2
5	2	4	6	3	1
1	3	5	4	2	6
4	6	2	1	5	3
3	5	1	2	6	4
2	4	6	3	1	5

58

6	1	4	3	2	5
3	5	2	6	1	4
5	4	3	2	6	1
1	2	6	4	5	3
4	6	5	1	3	2
2	3	1	5	4	6

59

5	3	1	4	2	6
4	2	6	3	1	5
1	5	4	2	6	3
2	6	3	5	4	1
6	4	5	1	3	2
3	1	2	6	5	4

60

1	3	2	4	6	5
4	6	5	1	3	2
2	4	3	6	5	1
6	5	1	3	2	4
5	1	6	2	4	3
3	2	4	5	1	6

61

3	4	1	6	2	5
6	5	2	3	4	1
5	1	4	2	3	6
2	6	3	5	1	4
4	3	5	1	6	2
1	2	6	4	5	3

62

2	4	1	3	5	6
3	6	5	4	1	2
5	1	6	2	3	4
4	2	3	1	6	5
6	3	2	5	4	1
1	5	4	6	2	3

63

6	1	4	5	2	3
3	2	5	1	4	6
2	5	3	4	6	1
1	4	6	2	3	5
5	3	2	6	1	4
4	6	1	3	5	2

64

3	6	4	1	5	2
5	1	2	6	4	3
6	5	3	2	1	4
2	4	1	5	3	6
4	2	5	3	6	1
1	3	6	4	2	5

65

5	4	3	6	2	1
6	1	2	5	3	4
2	5	1	4	6	3
4	3	6	2	1	5
3	2	4	1	5	6
1	6	5	3	4	2

66

6	1	2	3	4	5
5	3	4	6	1	2
3	4	5	1	2	6
2	6	1	4	5	3
4	2	3	5	6	1
1	5	6	2	3	4

67

4	5	3	6	1	2
2	6	1	3	5	4
1	2	6	4	3	5
5	3	4	1	2	6
6	1	5	2	4	3
3	4	2	5	6	1

68

6	5	1	2	4	3
3	2	4	1	6	5
2	4	3	5	1	6
1	6	5	3	2	4
4	3	2	6	5	1
5	1	6	4	3	2

69

2	4	3	5	6	1
1	5	6	2	4	3
6	2	4	1	3	5
3	1	5	4	2	6
4	6	1	3	5	2
5	3	2	6	1	4

70

3	5	4	2	6	1
6	2	1	3	4	5
4	1	3	6	5	2
2	6	5	4	1	3
1	3	6	5	2	4
5	4	2	1	3	6

71

2	1	6	4	3	5
3	5	4	6	2	1
6	3	5	2	1	4
4	2	1	3	5	6
5	4	3	1	6	2
1	6	2	5	4	3

72

1	3	6	5	2	4
5	2	4	1	3	6
6	1	3	4	5	2
4	5	2	6	1	3
3	6	5	2	4	1
2	4	1	3	6	5

73

2	4	3	1	6	5
5	1	6	2	3	4
1	5	4	6	2	3
6	3	2	5	4	1
3	6	5	4	1	2
4	2	1	3	5	6

74

5	3	2	4	6	1
4	1	6	5	2	3
1	6	5	3	4	2
3	2	4	1	5	6
2	4	3	6	1	5
6	5	1	2	3	4

75

2	1	5	6	4	3
3	6	4	5	1	2
1	3	2	4	6	5
4	5	6	2	3	1
5	4	1	3	2	6
6	2	3	1	5	4

76

4	1	5	6	2	3
3	6	2	4	1	5
2	3	6	1	5	4
5	4	1	2	3	6
1	5	4	3	6	2
6	2	3	5	4	1

77

4	6	1	3	2	5
3	5	2	1	6	4
1	3	4	6	5	2
6	2	5	4	3	1
2	4	3	5	1	6
5	1	6	2	4	3

78

2	6	4	3	1	5
5	1	3	6	2	4
4	2	1	5	6	3
3	5	6	2	4	1
1	3	2	4	5	6
6	4	5	1	3	2

79

2	1	3	6	4	5
6	5	4	2	1	3
4	2	6	5	3	1
5	3	1	4	6	2
1	6	5	3	2	4
3	4	2	1	5	6

80

3	2	4	1	5	6
1	6	5	3	4	2
2	5	6	4	3	1
4	3	1	2	6	5
5	4	2	6	1	3
6	1	3	5	2	4

81

5	6	4	3	1	2
3	1	2	6	4	5
6	3	1	5	2	4
2	4	5	1	6	3
4	5	6	2	3	1
1	2	3	4	5	6

82

2	3	6	5	4	1
1	4	5	6	2	3
5	1	4	2	3	6
3	6	2	4	1	5
4	5	3	1	6	2
6	2	1	3	5	4

83

6	5	2	1	4	3
3	4	1	2	5	6
4	1	5	3	6	2
2	6	3	4	1	5
1	2	6	5	3	4
5	3	4	6	2	1

84

2	5	1	3	4	6
3	6	4	5	1	2
5	1	2	4	6	3
4	3	6	1	2	5
1	2	3	6	5	4
6	4	5	2	3	1

85

2	5	4	3	6	1
3	1	6	5	2	4
4	3	5	6	1	2
6	2	1	4	3	5
5	6	2	1	4	3
1	4	3	2	5	6

86

4	1	3	5	6	2
2	5	6	4	3	1
1	4	2	3	5	6
6	3	5	1	2	4
3	6	4	2	1	5
5	2	1	6	4	3

87

1	3	2	4	5	6
6	5	4	2	1	3
2	4	3	5	6	1
5	1	6	3	2	4
3	6	5	1	4	2
4	2	1	6	3	5

88

5	3	2	1	4	6
4	1	6	2	5	3
6	2	1	4	3	5
3	5	4	6	1	2
2	4	3	5	6	1
1	6	5	3	2	4

89

3	4	1	5	2	6
5	2	6	4	3	1
2	6	4	3	1	5
1	5	3	6	4	2
4	1	5	2	6	3
6	3	2	1	5	4

90

1	5	3	4	6	2
6	4	2	1	5	3
5	6	4	2	3	1
3	2	1	6	4	5
4	1	5	3	2	6
2	3	6	5	1	4

91

6	5	1	3	2	4
4	3	2	6	5	1
1	6	5	4	3	2
3	2	4	1	6	5
5	1	6	2	4	3
2	4	3	5	1	6

92

6	3	2	1	4	5
1	5	4	6	2	3
5	4	6	3	1	2
3	2	1	5	6	4
4	6	5	2	3	1
2	1	3	4	5	6

93

6	4	3	5	1	2
5	2	1	6	3	4
1	3	2	4	5	6
4	6	5	3	2	1
2	5	4	1	6	3
3	1	6	2	4	5

94

4	1	6	5	2	3
5	3	2	4	1	6
3	6	4	1	5	2
1	2	5	3	6	4
6	4	1	2	3	5
2	5	3	6	4	1

95

2	3	1	5	4	6
4	6	5	1	3	2
3	5	2	6	1	4
6	1	4	3	2	5
1	2	6	4	5	3
5	4	3	2	6	1

96

2	3	1	5	4	6
4	5	6	1	2	3
6	4	2	3	5	1
5	1	3	4	6	2
3	2	5	6	1	4
1	6	4	2	3	5

97

9	3	5	8	2	4	7	1	6
2	6	7	1	5	9	4	8	3
4	8	1	6	7	3	2	5	9
8	4	2	7	6	1	9	3	5
3	7	6	2	9	5	1	4	8
5	1	9	4	3	8	6	7	2
7	5	3	9	4	2	8	6	1
6	2	8	5	1	7	3	9	4
1	9	4	3	8	6	5	2	7

98

7	8	1	2	5	9	3	4	6
9	2	3	7	4	6	8	5	1
4	5	6	3	8	1	7	2	9
5	1	2	9	7	8	6	3	4
8	7	4	6	1	3	5	9	2
3	6	9	5	2	4	1	8	7
2	4	7	8	6	5	9	1	3
1	3	5	4	9	7	2	6	8
6	9	8	1	3	2	4	7	5

99

2	7	6	1	9	8	5	3	4
5	9	3	4	2	7	1	6	8
8	1	4	6	5	3	7	9	2
9	4	1	2	8	6	3	7	5
3	5	8	7	4	1	6	2	9
6	2	7	9	3	5	8	4	1
4	3	5	8	7	2	9	1	6
7	6	2	5	1	9	4	8	3
1	8	9	3	6	4	2	5	7

100

4	6	5	2	9	8	3	1	7
1	3	2	6	7	4	9	5	8
8	7	9	1	5	3	4	6	2
9	1	4	5	2	7	6	8	3
7	5	3	9	8	6	2	4	1
2	8	6	3	4	1	5	7	9
6	4	8	7	3	9	1	2	5
3	2	7	4	1	5	8	9	6
5	9	1	8	6	2	7	3	4

101

7	8	5	9	2	6	3	1	4
9	6	3	4	8	1	7	5	2
1	4	2	7	5	3	8	9	6
6	9	7	8	1	4	2	3	5
4	3	1	2	9	5	6	8	7
2	5	8	3	6	7	1	4	9
8	7	6	1	4	9	5	2	3
3	2	9	5	7	8	4	6	1
5	1	4	6	3	2	9	7	8

102

4	1	8	6	3	9	7	5	2
9	5	2	1	7	4	3	8	6
3	7	6	8	5	2	4	1	9
8	6	1	3	4	7	9	2	5
2	9	4	5	8	1	6	7	3
5	3	7	9	2	6	1	4	8
6	2	9	4	1	8	5	3	7
7	4	3	2	9	5	8	6	1
1	8	5	7	6	3	2	9	4

103

9	1	5	6	3	8	2	4	7
4	8	3	7	5	2	6	9	1
2	6	7	1	9	4	8	3	5
3	7	4	8	2	5	1	6	9
6	2	9	4	7	1	5	8	3
8	5	1	3	6	9	7	2	4
7	4	2	5	8	3	9	1	6
1	9	6	2	4	7	3	5	8
5	3	8	9	1	6	4	7	2

104

4	7	1	8	6	2	5	9	3
8	2	6	3	9	5	7	1	4
3	5	9	4	1	7	2	6	8
9	3	5	7	4	1	6	8	2
1	4	7	2	8	6	9	3	5
6	8	2	5	3	9	1	4	7
5	9	3	1	7	4	8	2	6
7	1	4	6	2	8	3	5	9
2	6	8	9	5	3	4	7	1

105

7	1	5	8	6	2	9	4	3
2	4	9	5	3	7	6	1	8
6	8	3	1	9	4	2	7	5
3	6	7	2	5	8	4	9	1
5	9	1	4	7	3	8	2	6
8	2	4	9	1	6	3	5	7
4	7	2	3	8	5	1	6	9
9	3	6	7	4	1	5	8	2
1	5	8	6	2	9	7	3	4

106

7	5	3	8	1	6	4	2	9
1	9	6	4	2	7	8	5	3
4	2	8	5	9	3	6	7	1
8	1	4	9	5	2	3	6	7
5	7	2	6	3	8	9	1	4
3	6	9	1	7	4	5	8	2
2	4	7	3	8	5	1	9	6
6	8	1	2	4	9	7	3	5
9	3	5	7	6	1	2	4	8

107

6	3	8	2	7	5	1	4	9
7	4	2	6	1	9	5	8	3
1	9	5	8	4	3	7	2	6
3	5	7	1	8	4	9	6	2
9	2	6	5	3	7	4	1	8
4	8	1	9	6	2	3	7	5
2	6	9	7	5	1	8	3	4
8	1	4	3	9	6	2	5	7
5	7	3	4	2	8	6	9	1

108

1	8	4	5	9	2	3	6	7
9	6	3	1	4	7	5	8	2
5	2	7	8	3	6	9	1	4
7	1	5	4	2	8	6	9	3
6	9	2	3	7	5	1	4	8
3	4	8	9	6	1	7	2	5
4	7	1	2	5	9	8	3	6
8	3	6	7	1	4	2	5	9
2	5	9	6	8	3	4	7	1

109

3	5	7	9	4	1	6	2	8
8	2	6	3	7	5	9	4	1
4	9	1	6	2	8	3	7	5
6	1	8	4	3	7	2	5	9
9	4	3	8	5	2	7	1	6
2	7	5	1	9	6	4	8	3
5	8	2	7	6	3	1	9	4
7	3	4	5	1	9	8	6	2
1	6	9	2	8	4	5	3	7

110

8	2	7	6	9	4	1	5	3
5	6	3	7	2	1	4	8	9
1	9	4	3	5	8	7	2	6
4	7	2	1	8	6	3	9	5
9	1	6	5	3	7	8	4	2
3	5	8	9	4	2	6	1	7
6	3	9	8	1	5	2	7	4
2	8	5	4	7	3	9	6	1
7	4	1	2	6	9	5	3	8

111

5	3	6	9	1	4	7	8	2
9	7	8	6	3	2	5	4	1
4	2	1	7	5	8	9	3	6
6	1	5	2	7	3	8	9	4
2	4	3	5	8	9	6	1	7
7	8	9	4	6	1	3	2	5
3	6	4	8	2	5	1	7	9
1	5	2	3	9	7	4	6	8
8	9	7	1	4	6	2	5	3

112

4	8	5	2	3	9	7	6	1
1	2	9	5	7	6	8	4	3
6	7	3	8	1	4	2	9	5
5	9	8	3	6	2	4	1	7
2	1	4	7	5	8	6	3	9
7	3	6	4	9	1	5	8	2
8	6	1	9	2	7	3	5	4
3	4	2	1	8	5	9	7	6
9	5	7	6	4	3	1	2	8

113

9	6	1	4	2	8	5	3	7
5	2	7	9	6	3	8	4	1
3	8	4	1	7	5	2	9	6
8	1	6	3	9	4	7	5	2
2	5	9	6	1	7	3	8	4
4	7	3	8	5	2	6	1	9
7	4	2	5	3	9	1	6	8
1	9	5	2	8	6	4	7	3
6	3	8	7	4	1	9	2	5

114

9	6	8	4	5	3	2	1	7
3	5	7	1	2	8	6	4	9
1	4	2	9	6	7	8	5	3
4	8	1	5	7	6	3	9	2
7	3	9	8	4	2	1	6	5
5	2	6	3	9	1	4	7	8
8	1	4	7	3	9	5	2	6
6	9	3	2	1	5	7	8	4
2	7	5	6	8	4	9	3	1

115

8	2	3	7	4	5	9	1	6
6	4	7	1	9	3	5	2	8
5	1	9	8	2	6	3	4	7
3	7	5	4	8	9	2	6	1
1	6	4	3	7	2	8	9	5
9	8	2	5	6	1	7	3	4
2	5	8	6	3	4	1	7	9
4	9	1	2	5	7	6	8	3
7	3	6	9	1	8	4	5	2

116

4	7	3	1	5	9	8	2	6
2	5	9	8	3	6	4	7	1
8	1	6	4	7	2	3	5	9
6	9	2	5	8	1	7	4	3
1	4	8	3	6	7	2	9	5
7	3	5	9	2	4	6	1	8
5	2	7	6	1	8	9	3	4
3	8	4	2	9	5	1	6	7
9	6	1	7	4	3	5	8	2

117

2	1	8	3	6	9	5	7	4
6	3	9	7	5	4	1	2	8
7	4	5	8	1	2	9	6	3
5	6	2	9	4	1	8	3	7
8	9	3	2	7	5	4	1	6
1	7	4	6	3	8	2	9	5
3	5	1	4	9	7	6	8	2
9	8	7	5	2	6	3	4	1
4	2	6	1	8	3	7	5	9

118

5	9	7	1	8	4	3	6	2
6	2	8	5	7	3	9	4	1
1	3	4	2	9	6	8	5	7
7	6	3	8	5	9	2	1	4
9	8	2	7	4	1	5	3	6
4	1	5	6	3	2	7	8	9
3	7	9	4	6	8	1	2	5
2	5	6	3	1	7	4	9	8
8	4	1	9	2	5	6	7	3

119

4	8	6	7	3	9	1	2	5
9	3	7	1	2	5	8	6	4
5	1	2	6	4	8	3	7	9
3	9	1	8	5	6	7	4	2
6	2	8	3	7	4	5	9	1
7	4	5	9	1	2	6	8	3
2	7	9	5	8	3	4	1	6
8	6	3	4	9	1	2	5	7
1	5	4	2	6	7	9	3	8

120

1	7	6	2	5	4	8	9	3
3	8	4	9	6	7	2	1	5
2	5	9	1	3	8	7	6	4
6	2	3	8	1	5	9	4	7
4	1	5	7	9	6	3	2	8
8	9	7	3	4	2	1	5	6
9	6	1	4	7	3	5	8	2
7	4	2	5	8	9	6	3	1
5	3	8	6	2	1	4	7	9

121

7	9	3	4	6	1	5	8	2
2	5	6	3	8	7	4	1	9
1	8	4	9	2	5	3	7	6
6	1	8	2	4	9	7	3	5
4	2	9	7	5	3	8	6	1
5	3	7	6	1	8	9	2	4
8	7	5	1	9	6	2	4	3
3	4	1	5	7	2	6	9	8
9	6	2	8	3	4	1	5	7

122

4	1	5	7	9	6	2	8	3
2	3	9	5	1	8	6	4	7
6	7	8	2	3	4	9	1	5
1	6	2	9	8	7	5	3	4
3	5	7	4	6	2	1	9	8
9	8	4	1	5	3	7	6	2
8	9	3	6	7	5	4	2	1
5	4	1	3	2	9	8	7	6
7	2	6	8	4	1	3	5	9

123

4	1	7	9	3	8	6	2	5
3	6	9	2	7	5	1	8	4
2	8	5	1	4	6	3	7	9
7	9	1	6	2	3	5	4	8
5	4	6	8	1	7	2	9	3
8	2	3	4	5	9	7	1	6
1	3	8	5	9	2	4	6	7
9	5	2	7	6	4	8	3	1
6	7	4	3	8	1	9	5	2

124

2	6	5	1	4	7	3	9	8
9	8	7	3	2	6	1	5	4
4	1	3	8	5	9	7	6	2
8	3	9	2	7	5	6	4	1
5	4	1	6	8	3	9	2	7
7	2	6	4	9	1	5	8	3
1	5	4	9	3	8	2	7	6
3	7	2	5	6	4	8	1	9
6	9	8	7	1	2	4	3	5

125

6	2	3	4	9	7	1	5	8
9	4	5	1	6	8	3	2	7
8	7	1	3	5	2	6	9	4
3	8	4	7	2	9	5	6	1
1	9	7	6	3	5	4	8	2
5	6	2	8	4	1	7	3	9
2	1	9	5	7	3	8	4	6
7	5	6	9	8	4	2	1	3
4	3	8	2	1	6	9	7	5

126

1	4	6	5	2	8	9	3	7
3	5	9	4	6	7	8	1	2
8	2	7	1	3	9	4	5	6
2	9	5	3	7	1	6	8	4
6	8	1	9	4	5	2	7	3
7	3	4	6	8	2	1	9	5
4	1	3	7	9	6	5	2	8
5	7	8	2	1	4	3	6	9
9	6	2	8	5	3	7	4	1

127

3	7	6	2	8	4	1	5	9
5	2	9	7	6	1	8	3	4
8	4	1	5	3	9	6	7	2
7	3	8	4	1	6	9	2	5
4	9	2	3	5	8	7	1	6
1	6	5	9	7	2	4	8	3
6	5	3	1	9	7	2	4	8
2	8	7	6	4	3	5	9	1
9	1	4	8	2	5	3	6	7

128

6	1	9	3	8	2	5	4	7
8	2	7	9	5	4	3	1	6
5	4	3	6	1	7	9	8	2
4	7	5	8	3	6	1	2	9
9	3	6	2	4	1	7	5	8
2	8	1	5	7	9	6	3	4
7	9	4	1	2	5	8	6	3
3	5	2	7	6	8	4	9	1
1	6	8	4	9	3	2	7	5

129

9	3	7	5	4	6	1	2	8
1	6	2	3	8	7	4	9	5
5	8	4	9	2	1	6	3	7
4	5	1	8	9	2	3	7	6
8	7	9	1	6	3	5	4	2
6	2	3	7	5	4	8	1	9
3	1	5	6	7	9	2	8	4
2	9	6	4	3	8	7	5	1
7	4	8	2	1	5	9	6	3

130

8	7	3	5	6	1	4	2	9
2	9	5	4	7	3	8	6	1
1	4	6	2	8	9	3	7	5
7	6	2	1	3	5	9	8	4
4	5	9	7	2	8	6	1	3
3	1	8	9	4	6	2	5	7
6	2	4	3	1	7	5	9	8
5	8	7	6	9	4	1	3	2
9	3	1	8	5	2	7	4	6

131

1	7	2	4	6	8	3	9	5
6	4	9	3	2	5	1	7	8
8	5	3	1	9	7	4	6	2
7	3	1	2	8	6	9	5	4
5	6	4	9	7	3	2	8	1
2	9	8	5	4	1	7	3	6
9	2	5	6	3	4	8	1	7
3	8	6	7	1	2	5	4	9
4	1	7	8	5	9	6	2	3

132

3	7	8	9	6	4	5	1	2
9	5	4	2	1	3	6	8	7
1	6	2	8	5	7	3	9	4
4	8	5	1	3	9	7	2	6
6	1	9	7	4	2	8	5	3
7	2	3	5	8	6	1	4	9
5	9	7	6	2	8	4	3	1
2	4	1	3	7	5	9	6	8
8	3	6	4	9	1	2	7	5

133

7	3	1	9	2	6	4	8	5
5	9	2	4	7	8	6	1	3
8	4	6	5	1	3	2	9	7
9	8	5	1	6	7	3	4	2
4	2	7	8	3	5	1	6	9
1	6	3	2	9	4	5	7	8
2	7	4	3	8	1	9	5	6
6	1	9	7	5	2	8	3	4
3	5	8	6	4	9	7	2	1

134

6	9	2	5	8	1	7	4	3
1	4	8	3	6	7	2	9	5
7	3	5	9	2	4	6	1	8
5	2	7	6	1	8	9	3	4
3	8	4	2	9	5	1	6	7
9	6	1	7	4	3	5	8	2
8	1	6	4	7	2	3	5	9
4	7	3	1	5	9	8	2	6
2	5	9	8	3	6	4	7	1

135

6	5	9	3	1	2	4	8	7
3	2	4	5	7	8	9	1	6
1	7	8	6	9	4	2	5	3
4	6	7	1	8	9	5	3	2
8	3	2	4	5	7	6	9	1
9	1	5	2	6	3	7	4	8
7	8	6	9	4	1	3	2	5
5	4	3	8	2	6	1	7	9
2	9	1	7	3	5	8	6	4

136

8	3	4	7	6	9	2	1	5
9	5	1	2	8	3	6	7	4
2	6	7	1	5	4	3	8	9
7	2	5	6	3	8	9	4	1
1	8	6	4	9	7	5	2	3
4	9	3	5	2	1	8	6	7
6	7	2	3	4	5	1	9	8
5	1	8	9	7	2	4	3	6
3	4	9	8	1	6	7	5	2

137

5	9	2	1	7	4	8	3	6
1	6	3	5	2	8	7	4	9
4	8	7	9	3	6	2	1	5
3	1	8	6	9	7	5	2	4
6	7	4	2	1	5	9	8	3
9	2	5	8	4	3	1	6	7
2	3	9	7	6	1	4	5	8
8	4	1	3	5	9	6	7	2
7	5	6	4	8	2	3	9	1

138

7	2	4	3	6	8	9	1	5
5	3	8	4	9	1	7	6	2
1	6	9	2	7	5	3	8	4
6	1	3	7	4	2	8	5	9
8	5	7	1	3	9	2	4	6
4	9	2	8	5	6	1	3	7
2	7	6	5	1	3	4	9	8
9	8	1	6	2	4	5	7	3
3	4	5	9	8	7	6	2	1

139

4	7	1	9	3	5	8	6	2
9	2	6	4	8	1	5	3	7
3	5	8	2	6	7	1	9	4
6	3	7	1	4	8	2	5	9
8	4	2	5	9	3	7	1	6
1	9	5	7	2	6	4	8	3
2	8	4	6	1	9	3	7	5
7	1	9	3	5	4	6	2	8
5	6	3	8	7	2	9	4	1

140

2	8	5	9	4	1	3	6	7
6	1	9	3	7	5	8	2	4
7	4	3	6	2	8	5	9	1
5	9	2	7	6	3	4	1	8
8	3	4	5	1	9	6	7	2
1	6	7	2	8	4	9	5	3
4	2	8	1	9	6	7	3	5
9	5	1	4	3	7	2	8	6
3	7	6	8	5	2	1	4	9

141

8	9	2	6	7	5	4	1	3
4	3	1	2	9	8	5	6	7
6	7	5	3	1	4	9	2	8
2	5	3	8	6	7	1	4	9
9	4	6	5	3	1	7	8	2
1	8	7	4	2	9	3	5	6
5	1	9	7	8	2	6	3	4
7	6	8	1	4	3	2	9	5
3	2	4	9	5	6	8	7	1

142

7	2	5	6	8	4	3	9	1
9	1	6	5	7	3	4	2	8
8	3	4	2	9	1	6	7	5
4	9	3	7	5	8	2	1	6
6	7	1	4	2	9	8	5	3
5	8	2	1	3	6	7	4	9
1	4	9	3	6	7	5	8	2
3	5	8	9	4	2	1	6	7
2	6	7	8	1	5	9	3	4

143

3	8	9	2	4	6	7	1	5
6	4	5	9	7	1	3	8	2
2	7	1	3	5	8	9	6	4
5	1	6	8	3	4	2	7	9
7	3	2	5	6	9	1	4	8
4	9	8	1	2	7	6	5	3
9	6	3	7	8	5	4	2	1
1	5	4	6	9	2	8	3	7
8	2	7	4	1	3	5	9	6

144

5	9	1	2	8	6	7	4	3
7	8	2	4	3	5	6	1	9
3	4	6	9	1	7	5	8	2
4	5	7	3	6	2	8	9	1
2	1	8	5	7	9	3	6	4
9	6	3	8	4	1	2	7	5
8	3	9	7	2	4	1	5	6
1	2	4	6	5	8	9	3	7
6	7	5	1	9	3	4	2	8

145

4	6	2	8	7	3	9	5	1
9	1	7	5	2	4	8	6	3
3	5	8	6	9	1	4	7	2
7	9	3	2	1	6	5	4	8
6	4	1	7	8	5	3	2	9
8	2	5	3	4	9	7	1	6
2	3	9	4	6	7	1	8	5
1	8	4	9	5	2	6	3	7
5	7	6	1	3	8	2	9	4

146

4	2	3	7	8	6	1	5	9
8	7	6	5	9	1	4	3	2
1	5	9	2	3	4	6	7	8
5	3	4	6	2	9	7	8	1
9	8	1	4	7	3	5	2	6
2	6	7	1	5	8	3	9	4
6	9	8	3	4	7	2	1	5
3	1	5	9	6	2	8	4	7
7	4	2	8	1	5	9	6	3

147

8	1	4	9	7	5	6	2	3
5	7	2	6	3	4	8	9	1
6	3	9	8	2	1	7	5	4
7	4	1	5	6	3	9	8	2
3	9	8	7	1	2	4	6	5
2	6	5	4	9	8	1	3	7
4	8	7	2	5	6	3	1	9
1	2	6	3	4	9	5	7	8
9	5	3	1	8	7	2	4	6

148

4	3	1	6	2	8	7	9	5
8	5	2	9	4	7	6	1	3
9	7	6	1	5	3	8	4	2
6	1	5	7	8	2	4	3	9
7	4	9	3	1	6	5	2	8
2	8	3	4	9	5	1	6	7
5	9	8	2	6	1	3	7	4
3	6	4	5	7	9	2	8	1
1	2	7	8	3	4	9	5	6

149

1	8	7	6	4	5	9	3	2
6	9	4	2	3	8	5	1	7
5	3	2	1	7	9	6	8	4
4	6	5	9	1	3	2	7	8
2	1	8	7	6	4	3	9	5
3	7	9	5	8	2	1	4	6
9	4	6	3	5	7	8	2	1
7	2	1	8	9	6	4	5	3
8	5	3	4	2	1	7	6	9

150

9	2	1	8	5	4	3	7	6
5	6	8	3	2	7	4	1	9
4	7	3	6	1	9	5	8	2
3	4	9	1	8	2	7	6	5
2	1	7	4	6	5	8	9	3
8	5	6	9	7	3	1	2	4
7	9	5	2	4	8	6	3	1
6	8	2	5	3	1	9	4	7
1	3	4	7	9	6	2	5	8

151

3	9	2	6	4	1	5	8	7
8	5	6	7	9	2	1	3	4
1	7	4	3	8	5	6	9	2
2	3	9	1	7	8	4	5	6
7	6	8	4	5	9	2	1	3
4	1	5	2	3	6	8	7	9
5	8	3	9	2	4	7	6	1
9	2	1	8	6	7	3	4	5
6	4	7	5	1	3	9	2	8

152

3	2	5	6	7	1	9	4	8
1	9	6	8	2	4	7	5	3
7	4	8	5	9	3	6	1	2
5	1	7	3	6	8	4	2	9
9	8	4	2	1	5	3	7	6
6	3	2	7	4	9	1	8	5
8	5	1	9	3	7	2	6	4
2	7	9	4	5	6	8	3	1
4	6	3	1	8	2	5	9	7

153

3	2	4	5	7	6	9	8	1
9	7	8	1	3	2	4	6	5
6	1	5	4	9	8	7	3	2
2	8	1	7	4	9	6	5	3
7	3	9	6	8	5	1	2	4
4	5	6	3	2	1	8	7	9
5	4	7	8	1	3	2	9	6
8	6	2	9	5	4	3	1	7
1	9	3	2	6	7	5	4	8

154

4	9	6	1	5	2	7	3	8
5	2	3	6	8	7	1	4	9
1	7	8	4	3	9	5	2	6
7	8	2	9	6	1	3	5	4
6	1	5	3	2	4	8	9	7
9	3	4	8	7	5	2	6	1
8	5	7	2	9	6	4	1	3
3	6	1	5	4	8	9	7	2
2	4	9	7	1	3	6	8	5

155

6	2	9	3	8	5	7	1	4
7	8	5	1	4	9	6	3	2
1	3	4	6	2	7	5	9	8
4	5	3	2	7	1	9	8	6
9	1	6	4	3	8	2	7	5
8	7	2	5	9	6	3	4	1
5	6	8	9	1	3	4	2	7
3	4	1	7	5	2	8	6	9
2	9	7	8	6	4	1	5	3

156

3	9	2	8	6	5	1	4	7
1	4	8	7	2	3	5	9	6
5	6	7	4	1	9	8	2	3
9	8	1	3	7	2	4	6	5
4	3	5	6	9	1	2	7	8
7	2	6	5	8	4	9	3	1
8	1	4	9	3	7	6	5	2
6	7	9	2	5	8	3	1	4
2	5	3	1	4	6	7	8	9